J'adore les glaces!

在家轻松做
健康美味冰淇淋

〔日〕岛本薰 著　李瑶 译

南海出版公司

新经典文化有限公司
www.readinglife.com
出　品

记忆中的味道

法国的牛奶、酸奶、乳酪等乳制品非常美味，冰淇淋更不用说。每当经过冰淇淋店时，我都会情不自禁地进去看看，在餐厅点甜品时也总是选冰淇淋。我的冰淇淋情结说来话长，想来就是从那一天开始的。

在我刚满3岁时，妈妈生病住院，我被送到附近的伯父家生活了近3个月。因为不能见到妈妈，我感到很寂寞，白天总是无精打采的，夜晚一听到外面车辆经过的声音，就以为是妈妈来接我了，立刻从床上爬起来。那时候的我很可怜吧。不过，也正因为如此，有一手好厨艺的伯母经常给我做一些好吃的东西，有蛋奶布丁、爆米花、包子……其中印象最深的就是冰淇淋。把牛奶、鸡蛋、糖混合在一起，用打蛋器搅拌均匀，加热，再加入鲜奶油，然后一起盛入盘中放进冷冻室。因为隔一段时间就要拿出来用打蛋器搅拌，所以我片刻不离，也不出去玩，一直站在冰箱（当时很少见的美国制造的大冰箱）前等待。搅拌3～4次后，冰淇淋就做好了。

刚做好的冰淇淋中有些许细小的冰晶，吃起来咔嚓咔嚓的，散发着一股微微的甜香。看着它，我就想到了妈妈经常做的奶昔，有种想哭的感觉，但一直忍着没有哭。从那一天开始，我就喜欢上了冰淇淋，非常喜欢！

目 录

动手之前

制作冰淇淋的主要原料包括牛奶、鸡蛋、鲜奶油等。牛奶和鸡蛋含有人体所需的 9 种氨基酸，富含多种矿物质、维生素，营养价值非常高。特别是牛奶，每天适量摄取可以减少体内的脂肪，另外，它还含有有益皮肤和发质的维生素 B_2，以及具有抗压作用的钙和维生素 B_3，其营养价值受到人们普遍关注。冰淇淋中还添加了能够为大脑和身体补充能量的糖，营养更丰富了。

冰淇淋容易消化，在发烧等身体虚弱时是非常好的营养小食品，而且老少皆宜。以前常吃的浓醇冰淇淋含有 45% 的鲜奶油，脂肪含量很高 (20.9%)。随着年龄的增长，许多人的体重和胆固醇值都有所升高，需要多多注意，但是我又酷爱冰淇淋，所以就想到了制作低脂的纯牛奶冰淇淋（脂肪含量为 10.8%）。这种冰淇淋不使用鲜奶油，脂肪含量约为高脂浓醇冰淇淋的一半。成年女性每天的脂肪摄取标准为 42 ～ 50 克，将脂肪含量减少到 10.8% 有多重要可想而知。和以前的高脂冰淇淋相比，低脂冰淇淋首先散发出来的是淡淡的蛋香味。

为了一年四季都可以吃到冰淇淋和雪葩，本书中的低脂冰淇淋选用了应季水果和一年四季都有的食材。另外，在制作时我适当控制了糖的用量。能够和大家一起分享我的冰淇淋世界，真是倍感荣幸。

* 除了含 35%、45% 鲜奶油的浓醇冰淇淋以外，本书中
  介绍的冰淇淋都不需要使用鲜奶油。

* 脂肪含量为 20.9%，即每 100 克冰淇淋含脂肪 20.9 克。

* 市售的冰淇淋球每个大约为 100 克。

· 本书采用的计量单位：1 杯 = 200 毫升，1 大匙 = 15 毫升，1 小匙 = 5 毫升。

· 如果牛奶的乳脂含量超过 3%，需选用中等大小的鸡蛋。

· 雪葩中使用的鸡蛋请选用经过沙门氏菌灭菌处理的。

· 尽量使用新鲜的材料。

· 本书配方中食材用量根据冰淇淋机的容量而定。

· 如果要做两倍的量，请分成两次做。

· 冰淇淋的制作时间因室温而异，请自己设定。

从基本款冰淇淋和雪葩开始

 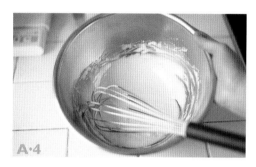

下面介绍的冰淇淋，脂肪含量约为普通高脂冰淇淋的一半，不用鲜奶油，非常健康哦！

纯牛奶冰淇淋
（脂肪含量为 10.8%）

材料（3～4 人份）

牛奶　250 毫升

香草荚　1/2 根

蛋黄　3 个

细砂糖　50 克

用冰淇淋机制作（参照图 A·1 ～ A·12）

准备

・提前把冰淇淋机的制冷内桶放在冷冻室里冷冻一段时间。

做法

1　将香草荚纵向剖为两半，用小刀取出里面的香草子。

2　把牛奶和香草子倒入锅中小火加热，锅边缘出现小气泡即关火，降温、冷却一下。

　　目的是把牛奶加热。

3　蛋黄和细砂糖倒入盆中，用打蛋器搅打至乳白色。

　　这一步是顺利做好冰淇淋的关键。

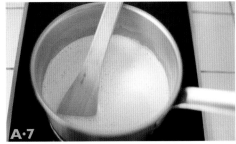

4 将少量2倒入盛有3的盆中，用打蛋器搅拌
　均匀后加入2剩余部分，继续用打蛋器搅拌，
　然后倒回锅中。

5 中火加热4，用木铲不断搅拌。待泡沫消失
　后混合物呈糊状时停止搅拌，锅底开始冒小
　气泡时关火。

　这一步是为了加热蛋黄，煮过了蛋黄会凝固，
　一定不要煮沸。

6 用滤勺（过滤网）把5过滤到带嘴的锅（盆）中，
　再把锅（盆）放入冰水中，用木铲不断搅拌，
　使蛋奶糊完全冷却。

　迅速冷却，可以防止细菌繁殖。使用带嘴的
　锅是为了接下来倒出液体原料时更方便。

7 打开冰淇淋机,倒入 6 (按下冰淇淋机的开关,
设定制作时间),静置约 20 分钟。

8 冰淇淋液做好后,盛入提前准备好的容器中,
放入冷冻室冷冻约 1 小时,风味更佳。

容器最好选用不锈钢等金属制品。

手工制作 (参照图片 B·11 ～ B·13)

做法

第1～6步相同,冰淇淋液做好后倒入模具中冷却。

7 用电动打蛋器高速搅拌约 2 分钟。使用手动打
蛋器需持续打 10 分钟,让空气充分进入冰淇淋
液,产生丰富气泡,然后盛入提前准备好的容器
中,放入冷冻室。冷冻期间可以不再拿出来搅拌。
这一方法适于制作本书中介绍的所有冰淇淋。

如果想吃加鲜奶油的冰淇淋，下面这款可以满足你！

含 35%、45% 鲜奶油的浓醇冰淇淋
（脂肪含量为 17.6%、20.9%）

材料（3～4 人份）

牛奶　165 毫升

香草荚　1/2 根

蛋黄　2 个

细砂糖　65 克

鲜奶油　100 毫升

（乳脂含量为 35% 或 45%）

用冰淇淋机制作

准备

· 提前把冰淇淋机的内桶放入冷冻室冷冻一段时间。

做法

1　参照纯牛奶冰淇淋（第 9～10 页）做法第 1～6 步。

2　向 1 中加入鲜奶油，用打蛋器搅拌均匀。

3　打开冰淇淋机，倒入 2，按下开关静置约 20 分钟。

4　冰淇淋液做好后，盛入准备好的容器中，放入冷冻室冷冻 1 小时。

手工制作

做法

1　第 1～6 步与纯牛奶冰淇淋做法相同，只不过要把冰淇淋液倒入容器中冷却。

2　在 1 中加入少量打至八分发[①]的鲜奶油，用打蛋器搅拌均匀后再加入剩余部分，用切拌的方式搅拌。

3　把 2 盛入准备好的容器中，放入冷冻室冷冻。在这个过程中可以不再拿出来搅拌。

---

①打发指把蛋白或鲜奶油搅打成细腻蓬松的泡沫状。在打发过程中，提起搅拌器，蛋白或鲜奶油形成挺立的尖角、尾端弯曲为湿性发泡，即七分发；继续打发，提起搅拌器，蛋白或鲜奶油形成直立的三角形尖角为干性发泡，八分发是介于二者之间的中性发泡状态。

树莓雪葩

纯牛奶冰淇淋

含 35%、45% 鲜奶油的浓醇冰淇淋

用价廉物美的冷冻树莓做出简单、鲜艳又美味的雪葩。

树莓雪葩

材料（3～4人份）

树莓（冷冻）　200 克

糖水

　水　60 毫升

　细砂糖　30 克

做法

1　把冷冻的树莓放入食品料理机打碎。

2　将水和细砂糖倒入小锅加热，细砂糖溶化后关火。

3　把做好的糖水趁热倒进食品料理机，与 1 一起搅拌均匀，盛入准备好的容器中，放入冷冻室，风味更佳。雪葩很快就可以冻好了，不用冰淇淋机也没问题。在冷冻过程中也无需再拿出来搅拌。

* 如果选用大黄、红醋栗等果胶含量较高的食材，则无需加入蛋白霜^①。

* 加蛋白霜的基本款雪葩做法请参照第 24 页。

---

①蛋白霜是在温室下将蛋白加砂糖打发做成的，常用做甜点顶部装饰，也可以低温烘烤，作成蛋糕夹馅。

Part 2

À la française et.à la japonaise

法式风格 & 日式风格

À la française

生活在法国，当然少不了法式风格甜点。

我从小就很喜欢蜜饯栗子，定居法国后常常买来吃。我吃过的最美味的还是《向往中的巴黎十六区日常生活》一书中提到的 Boissier 的蜜饯栗子。利用蜜饯栗子，我们也可以做出美味的蜜饯栗子冰淇淋！

蜜饯栗子朗姆酒冰淇淋

材料（4～5人份）

牛奶　250毫升

蛋黄　3个

细砂糖　5克

栗子蓉　120克

朗姆酒　1大匙

蜜饯栗子　60克

甜而不腻、浓缩了栗子特有风味的 Sabaton 栗子蓉，抹在面包上也很美味哦！

准备

· 提前把冰淇淋机的内桶放入冷冻室冷冻一段时间。

做法

1 将栗子蓉倒入小盆中。

2 将牛奶倒入锅中加热，锅边缘煮开即可关火，降温、冷却一下。

3 把蛋黄和细砂糖倒入盆中，用打蛋器搅拌至乳白色。

4 将少量2倒入3中，搅拌均匀后，加入剩余的2，搅拌好后倒回锅里。

5 中火加热4，用木铲不断搅拌。泡沫消失、呈糊状时关火。然后用小滤勺过滤到带嘴的锅（盆）中。

6 在1中加入少量5，搅拌均匀后倒回锅中，再充分搅拌。将锅浸入冰水中，用木铲搅拌完全冷却。

7 在6中加入朗姆酒，搅拌均匀后将蜜饯栗子切成小块放到6中，用汤匙搅拌均匀。

8 打开冰淇淋机，倒入7，按下开关，静置约20分钟。

9 冰淇淋液做好后盛入准备好的容器中，放入冷冻室冷冻约1小时，风味更佳。

①位于巴黎十六区，是1827年开业的传统巧克力名店。店内的著名美食蜜饯栗子由该店创始人 Belissaire Boissier 发明，之后代代相传。

16

我在定居法国以前从不吃大黄。在 Ladurée^①研修时，有一次吃野草莓迷你馅饼，一口咬下去发现里面居然有大黄。原来烤得松松脆脆的迷你馅饼是大黄酱加野草莓做的。这才觉得原来大黄清爽的酸味可以让迷你馅饼吃起来那么美味。

大黄树莓雪葩

材料（3～4 人份）

大黄（净重） 300 克

水 20 毫升

细砂糖 60 克

树莓（冷冻） 50 克

准备

· 提前把冰淇淋机的内桶放入冷冻室冷冻一段时间。

做法

1 大黄去皮，切成 2 厘米长的小段。

2 把 1 和水、细砂糖倒入锅中，大火加热。煮沸后调成中火，用木铲一边搅拌一边煮大约 10 分钟，直到大黄熟透，降温、冷却一下。

3 打开冰淇淋机，用汤勺从入料口倒入 2，按下开关，静置约 20 分钟。

4 雪葩做好后盛入准备好的容器中，加入冻好切碎的树莓，用汤匙搅拌均匀，放入冷冻室约 1 小时，风味更佳。

①位于法国巴黎香榭丽舍大街，创立于 1862 年，是法国著名的甜品老店。

鳄梨富含维生素、矿物质和不饱和脂肪酸，是一种营养丰富的水果。鳄梨的吃法很多，因地而异。在法国，人们喜欢用蛋黄酱拌好的小虾，再配半个鳄梨吃。而在墨西哥，人们喜欢鳄梨酱那种青辣椒般辛辣刺激的味道。各个国家吃的食物不同，但我们可以发挥创造力，把它们改良成适合我们口味的美食。

鳄梨冰淇淋

材料（5～6 人份）

牛奶　250 毫升

蛋黄　1 个

细砂糖　70 克

鳄梨（果肉）　200 克（需要 1～2 个鳄梨）

柠檬汁　2 大匙

＊鳄梨要选择熟透的。

准备

·提前把冰淇淋机的内桶放入冷冻室一段时间。

做法

1 把牛奶和半份细砂糖倒入锅中加热，锅边缘煮开即关火，用打蛋器搅拌均匀，降温、冷却一下。

2 将蛋黄和剩下的细砂糖倒入盆中，用打蛋器搅拌至乳白色。

3 把少量 1 倒入 2 中，用打蛋器搅拌均匀后加入剩余的 2，搅拌好后倒回锅中。

4 中火加热 3，用木铲不断搅拌。泡沫消失、呈糊状时关火。

5 用小滤勺把 4 过滤到盆中，浸入冰水，用木铲不断搅拌，使蛋奶糊完全冷却。

6 鳄梨对半切开，去核，用汤匙取出果肉，放进食品料理机，加入柠檬汁和 5，搅拌均匀。

7 打开冰淇淋机，倒入 6，按下开关，静置约 20 分钟。

8 冰淇淋液做好后盛入准备好的容器中，放入冷冻室冷冻 1 小时，风味更佳。

酒渍樱桃冰淇淋

材料（3～4 人份）

牛奶　250 毫升

蛋黄　3 个

细砂糖　55 克

酒渍樱桃　15 颗

准备

·提前把冰淇淋机的内桶放入冷冻室冷冻一段时间。

做法

1 用纸巾将酒渍樱桃的水分完全吸干，纵向切成 4 份。

2 将牛奶倒入锅中加热，锅边缘煮开即关火，降温、冷却一下。

3 把蛋黄和细砂糖倒入盆中，用打蛋器搅拌至乳白色。

4 参照鳄梨冰淇淋做法第 3～5 步（注意：搅拌好的浓稠蛋奶糊要过滤到带嘴的锅或盆里）。

5 打开冰淇淋机，倒入 4，当冰淇淋体开始凝固时，从入料口逐块加入酒渍樱桃，然后按下开关，静置约 20 分钟。

6 参照鳄梨冰淇淋的做法。

酒渍樱桃是用酒腌渍过的樱桃。

去超市时，我经常站在酸奶货架前不知该买哪个好。法国的酸奶种类非常多，有脱脂的、加鲜奶油的、各种水果口味的、巧克力味的、加酒渍葡萄干的、加香橼挞的……我最喜欢的是蓝莓酸奶，于是就做了酸奶蓝莓冰淇淋！

酸奶蓝莓冰淇淋

材料（3～4人份）

牛奶　125毫升

蓝莓（冷冻）50克

蛋黄　3个

细砂糖　60克

酸奶（无糖）75克

＊使用新鲜蓝莓制作用量和做法相同。

准备

·提前把冰淇淋机的内桶放入冷冻室一段时间。

做法

1　将牛奶和冷冻的蓝莓倒入锅中加热，锅边缘煮开即关火，降温、冷却一下。

2　把蛋黄和剩余的细砂糖倒入盆中，用打蛋器搅拌至乳白色。

3　将少量1倒入2中，用打蛋器搅拌均匀，加入剩余的2，搅拌好再倒回锅中。

4　中火加热3，用木铲不断搅拌。泡沫消失、呈糊状时关火。

5　将4倒入盆里，浸入冰水中，用木铲不断搅拌，使蛋奶糊完全冷却。

6　把5和酸奶放进食品料理机充分搅拌均匀，打开冰淇淋机，倒入搅拌好的蛋奶糊，按下开关，静置约20分钟。

7　冰淇淋液做好后盛入准备好的容器中，放入冷冻室冷冻约1小时，风味更佳。

法国著名餐厅 Taillevent 的老板来自法国南部，他常把茴香酒（用法国南部产的八角做的酒）用冰水稀释后款待大家，周末常常大白天就开始豪饮。大家好像都挺能喝的，喝完还可以继续若无其事地工作，但是我不太会喝酒，喝完连路都走不稳了……

鲜橙雪葩

材料（3～4人份）

鲜橙汁　300 毫升（需要 2～3 个橙子）

细砂糖　35 克

蛋白霜

　　蛋清　20 克

　　细砂糖　5 克

＊ 用 100% 浓缩果汁做也可以。

用冰淇淋机制作

准备

· 提前把冰淇淋机的内桶放入冷冻室冷冻一段时间。

做法

1 将蛋清倒入盆中，用打蛋器搅拌起泡，打至七分发（即打发至湿性发泡状态），加入细砂糖，做成蛋白霜。

2 鲜橙榨汁，用滤勺把果汁过滤到带嘴的锅（盆）中。

3 把细砂糖和少量 2 放入小锅中加热，细砂糖溶化后关火，冷却后倒入 2。

4 打开冰淇淋机倒入 3，3 分钟后用汤勺把蛋白霜轻轻从冰淇淋机的入料口盛入，按下开关，静置约 20 分钟。

5 雪葩做好后盛入提前准备好的容器中，用汤匙轻轻搅拌，放入冷冻室冷冻约 1 小时，风味更佳。

　　＊ 如果雪葩水分很多，吃起来口感就会像刨冰一样，加了蛋白霜，口感更柔滑。

手工制作

做法

1 参考用冰淇淋机制作第 2、3 步。

2 把 1 盛入准备好的容器中，放入冷冻室冷冻约 2～3 小时，形成糖水刨冰的状态。

3 在此期间，制作蛋白霜（参照用冰淇淋机制作第 1 步）。

4 取出 2，将 3 加入到 2 中，用打蛋器搅拌均匀后放回冷冻室。

＊ 这一点适用于本书介绍的所有加蛋白霜的雪葩。

八角酸橙雪葩

材料（3～4人份）

水　240 毫升

细砂糖　60 克

八角　2 个

酸柠檬果汁　2 大匙

蛋白霜

　　蛋清　20 克

　　细砂糖　10 克

准备

· 提前把冰淇淋机的内桶放入冷冻室冷冻一段时间。

做法

1 制作蛋白霜。

2 将水、细砂糖、掰碎的八角（如图所示）倒入小锅，中火加热。细砂糖溶化后关火，盖上盖焖 10 分钟。

3 用滤勺把 2 过滤到带嘴的锅（盆）里，浸入冰水中，同时用木铲不断搅拌直至完全冷却，加入酸柠檬果汁用打蛋器充分搅拌。

4 参照用冰淇淋机制作鲜橙雪葩第 4、5 步。

八角酸橙雪葩

鲜橙雪葩

巴黎美食信息

下面介绍一下到巴黎一定要光顾的冰淇淋店，还有汇集了上好食材的美食馆和甜点食材店。

Berthillon

31, rue Saint-Louis en l'Île 75004

Berthillon 的冰淇淋非常有名，而它的甜点却鲜为人知。在店内可以享受到蛋糕和冰淇淋。我强烈推荐巧克力太妃糖搭配西梅阿马涅克白兰地冰淇淋。

Le Bac à Glaces

109, rue du Bac 75007

这家店的栗子冰淇淋甜而不腻，非常好吃。椰子和焦糖冰淇淋单品十分诱人，而从众多品种中选出一款冰淇淋，配上温热的华夫饼，那种美味的享受更是难以言喻！

Amorino

4, rue de Buci 75006

这家来自意大利的冰淇淋店用可爱的天使作为标志。圆锥形蛋卷冰淇淋杯分为大、中、小号，这里的冰淇淋可以任你以最大限度往里装。图中的就是大号，装了 5 种口味的冰淇淋。这里的西番莲果汁和咖啡味道也很不错！

La Grande Épicerie de Paris

38, rue de Sèvres 75007

这家店是 LE BON MARCHE^①的美食馆，从世界各地严格筛选、收集来上好的食材。本书第 16 页提到的蜜饯栗子、第 50 页的玫瑰酱和玫瑰花水、第 54 页的 Kousmichoff 红茶都可以在这里买到。

G.Detou

58, rue Tipuetonne 75002

这是一家汇集了上好食材的甜品食材店。本书第 16 页提到的栗子蓉、第 48 页的开心果（只有 1 千克装的）、第 40 页和第 56 页的法芙娜巧克力^②、第 70 页的 TRABLIT 咖啡精华都可以在这里买到。

①巴黎一个现代、时尚的百货商场，1838 年开业，可与巴黎春天、老佛爷等大商场媲美。
② Valrhona，享有盛誉的著名巧克力品牌。

À la japonaise

我是日本人，非常喜欢日式冰淇淋。

我很喜欢豆类食品，比如小扁豆、鹰嘴豆、芸豆等。在法国，豆类一般是做成汤或沙拉吃，不会用糖煮成甜的。但是，有时我特别想吃甜煮豆，有一次回日本一下买了很多晾干的黑豆和金时豆（日本红芸豆）。用黑豆做的黑豆冰淇淋有点酱油的香气和咸味。在法国我发现了很多新口味冰淇淋，但不知道为什么，还是很怀念那个味道。

黑豆冰淇淋

材料（3～4人份）

牛奶　260毫升

蛋黄　3个

细砂糖　40克

黑豆（市面上卖的煮熟的黑豆）　60克

*最好是做年节菜时用的黑豆。

准备

·提前把冰淇淋机的内桶放入冷冻室冷冻一段时间。

做法

1 将牛奶倒入锅中加热，锅边缘煮开即关火，降温、冷却一下。

2 把蛋黄和细砂糖倒入盆中，用打蛋器搅拌至乳白色。

3 将少量1倒入2中，用打蛋器搅拌均匀，加入剩余的2，搅拌好后倒回锅中。

4 中火加热3，用木铲不断搅拌。泡沫消失、呈糊状时关火。

5 将4倒入盆里，浸入冰水中，用木铲不断搅拌，使蛋奶糊完全冷却。

6 把5和黑豆放进食品料理机，充分搅拌均匀。

7 打开冰淇淋机，倒入6，按下开关，静置约20分钟。

8 冰淇淋液做好后盛入准备好的容器中，放入冷冻室冷冻约1小时，风味更佳。

抹茶冰淇淋

材料（3～4人份）

牛奶　270毫升

蛋黄　2个

细砂糖　50克

抹茶　4克

准备

· 提前把冰淇淋机的内桶放入冷冻室冷冻一段时间。

做法

1　将抹茶过筛，筛到小盆中。

2　参照黑豆冰淇淋做法第1～4步。

3　把2倒入大盆。向抹茶中加入少量做好的蛋奶糊，用打蛋器搅拌均匀，倒回大盆，再用滤勺过滤到带嘴的锅（盆）中。和做黑豆冰淇淋一样，完全冷却。

4　参照黑豆冰淇淋做法第7、8步。

法国也可以买到红薯，但是法国的红薯水分很多，一点也不甜。秋天，一位日本朋友在来信中说"和孩子一起去挖红薯了"，看过之后，我满脑子都是红薯，有最爱的大学里的红薯，有烤红薯，还有红薯羹……

红薯冰淇淋

材料（3～4 人份）

牛奶　250 毫升

蛋黄　3 个

细砂糖　60 克

红薯　100 克

＊红薯是蒸好后带皮称的。

准备

· 提前把冰淇淋机的内桶放入冷冻室冷冻一段时间。

做法

1　红薯带皮蒸到可以用竹筷捅穿（可以用微波炉烹调），然后冷却一下。

2　将牛奶倒入锅中加热，锅边缘煮开即关火，降温、冷却一下。

3　蛋黄和细砂糖倒入盆中，用打蛋器搅拌至乳白色。

4　把少量 2 倒入 3 中，用打蛋器搅拌均匀，加入剩余的 2，搅拌好后倒回锅中。

5　中火加热 4，用木铲不断搅拌。泡沫消失、呈糊状时关火。

6　用小滤勺把 5 过滤到盆里，把盆浸入冰水中，用木铲不断搅拌，使蛋奶糊完全冷却。

7　把 6 和处理好的红薯放进食品料理机，充分搅拌，使混合物均匀顺滑。

8　打开冰淇淋机，倒入 7，按下开关，静置约 20 分钟。

9　冰淇淋液做好后盛入准备好的容器中，放入冷冻室冷冻约 1 小时，风味更佳。

香橙冰淇淋

材料（3～4 人份）

牛奶　250 毫升

擦碎的香橙皮　3 克

蛋黄　3 个

细砂糖　55 克

香橙汁　1.5 大匙

如果没有图中的擦菜板，也可以把香橙皮切碎。

准备

· 提前把冰淇淋机的内桶放入冷冻室冷冻一段时间。

做法

1　将牛奶和擦碎的香橙皮倒入锅中加热，锅边缘煮开即关火，降温、冷却一下。

2　参照红薯冰淇淋做法第 3～5 步。

3　不用过滤 2，直接将其倒入带嘴的锅（盆）中。和做红薯冰淇淋一样，完全冷却，再加入香橙汁，用打蛋器搅拌均匀。

4　参照红薯冰淇淋做法第 8、9 步。

用擦菜板可以把香橙皮擦成短短的细丝，放入冰淇淋中很好看。

香橙冰淇淋

红薯冰淇淋

在法国任何一家超市都可以买到豆浆。关注身体健康的人一般都很喜欢豆浆，但是也有一些人喝不惯，我就是其中之一，只有对豆浆冰淇淋例外。栗子蜂蜜和豆浆的香味搭配得当，生姜的辣味可以很好的去除豆浆中我不喜欢的味道。制作豆浆冰淇淋时，使用个性化的栗子蜂蜜或其他蜂蜜是关键。

豆浆冰淇淋（添加了姜汁、蜂蜜）

材料（3～4 人份）

豆浆 270 毫升

栗子蜂蜜 40 克

蛋黄 2 个

细砂糖 20 克

姜汁 1.5 小匙

* 这款冰淇淋使用了蜂蜜，请勿给
  未满 1 岁的幼儿食用。

准备

· 提前把冰淇淋机的内桶放入冷冻室冷冻一段时间。

做法

1 将豆浆和蜂蜜倒入锅中加热，锅边缘煮开即关火，
  用打蛋器搅拌均匀，降温、冷却一下。

我用的是栗子蜂蜜。

2 把蛋黄和细砂糖倒入盆中，用打蛋器搅拌至乳白色。

3 把少量 1 倒入 2 中，用打蛋器搅拌均匀，加入剩余的 2，
  搅拌好后倒回锅中。

4 中火加热 3，用木铲不断搅拌。泡沫消失、呈糊状时
  停止搅拌，从锅底开始冒泡时关火。

5 将生姜汁倒入 4 中，用打蛋器搅拌均匀，通过小滤
  勺过滤到带嘴的锅（盆）里，把锅（盆）浸入冰水中，
  用木铲不断搅拌至完全冷却。

6 打开冰淇淋机，倒入 5，按下开关，静置约 20 分钟。

7 冰淇淋液做好后盛入准备好的容器中，放入冷冻室
  冷冻约 1 小时，风味更佳。

黑糖冰淇淋

材料（3～4 人份）

牛奶 250 毫升

黑糖 35 克

蛋黄 3 个

细砂糖 10 克

* 黑糖最好选用粉末状的，更
  容易溶化。

准备

· 提前把冰淇淋机的内桶放入冷冻室冷冻一段时间。

做法

1 将牛奶和黑糖倒入锅中加热，用打蛋器不断搅拌，
  锅边缘煮开即关火，降温、冷却一下。

2 参照豆浆冰淇淋做法第 2～4 步。

3 用小滤勺将 2 过滤到带嘴的锅（盆）中，和做豆浆
  冰淇淋一样，完全冷却。

4 参照豆浆冰淇淋做法第 6、7 步。

豆浆冰淇淋

黑糖冰淇淋

黑芝麻酱不仅可以涂抹在面包上，还可以用来制作日式和西式甜点，绝对是个宝贝。把黑芝麻酱掺进糯米团子或者冰淇淋和曲奇饼干中，都很美味！品尝用黑芝麻酱做的冰淇淋，在尽情享受其四溢的香味时，不知不觉就吃多了……

常备一瓶黑芝麻酱，用处多多！

黑芝麻冰淇淋

材料（3～4人份）

牛奶　270毫升

蛋黄　2个

细砂糖　35克

黑芝麻酱　60克

准备

· 提前把冰淇淋机的内桶放入冷冻室冷冻一段时间。

做法

1 黑芝麻酱倒入小盆中。

2 将牛奶倒入锅中加热，锅边缘煮开即关火，降温、冷却一下。

3 把蛋黄和细砂糖倒入盆中，用打蛋器搅拌至乳白色。

4 将少量2倒入3中，用打蛋器搅拌均匀，加入剩余的2，搅拌好后倒回锅中。

5 中火加热3，用木铲不断搅拌。泡沫消失、呈糊状时关火，用小滤勺过滤到带嘴的锅（盆）里。

6 把少量5倒入1中，用打蛋器搅拌后倒回锅中，继续搅拌。将锅（盆）浸入冰水中，用木铲不断搅拌，使蛋奶糊完全冷却。

7 打开冰淇淋机，倒入6，按下开关，静置约20分钟。

8 冰淇淋液做好后盛入准备好的容器中，放入冷冻室冷冻约1小时，风味更佳。

黄豆粉冰淇淋

材料（3～4人份）

牛奶　250毫升

炒熟的黄豆粉　15克

蛋黄　3个

细砂糖　45克

准备

· 提前把冰淇淋机的内桶放入冷冻室冷冻一段时间。

做法

1 将牛奶和炒熟的黄豆粉倒入锅中加热，用打蛋器不断搅拌，锅边缘煮开即关火，降温、冷却一下。

2 参照黑芝麻酱冰淇淋做法第3～5步。

3 与做黑芝麻酱冰淇淋一样，使2完全冷却。

4 参照黑芝麻酱冰淇淋做法第7、8步。

Part 3

Pour enfants

孩子的时间

香蕉只需稍作加工，就可以变成一道美味的甜品。用砂糖和黄油煎一下香蕉，淋上白兰地酒点燃，吃的时候切成一口大小的块，淋上溶化的温热巧克力，搭配冰淇淋，香味沁人心脾。下面介绍的这款用熟透的香蕉做的冰淇淋，盛一勺，令人陶醉的香气就会扑面而来，搭配巧克力酱，啊，真是妙不可言！

香蕉冰淇淋 & 巧克力酱

材料（4～5人份）

香蕉冰淇淋

牛奶　250毫升

蛋黄　1个

细砂糖　40克

香蕉（果肉）　200克（需要1～2根香蕉）

＊要用果皮出现小黑点的熟透的香蕉。

巧克力酱（约半杯）

巧克力　50克

水　20毫升

牛奶　20毫升

巧克力用的是法芙娜（Valrhona）的 Manjari（可可含量为64%）。

准备

・提前把冰淇淋机的内桶放入冷冻室冷冻一段时间。

做法

1　将牛奶和半份细砂糖倒入锅中加热，锅边缘煮开即关火，用打蛋器不断搅拌，降温、冷却一下。

2　把蛋黄和剩余的细砂糖倒入盆中，用打蛋器搅拌至乳白色。

3　将少量1倒入2中，用打蛋器搅拌均匀，加入剩余的2，搅拌好后倒回锅中。

4　中火加热3，用木铲不断搅拌。泡沫消失、呈黏稠状时关火。

5　把4倒入盆里，再把盆浸入冰水中，用木铲不断搅拌，使蛋奶糊完全冷却。

6　把5和香蕉放入食品料理机，充分搅拌后用滤勺过滤到带嘴的锅（盆）里。

7　打开冰淇淋机，倒入6，按下开关，静置约20分钟。

8　冰淇淋液做好后盛入准备好的容器中，放入冷冻室冷冻约1小时，风味更佳。

9　把巧克力切碎，放入小锅中加热溶化。

10　水和牛奶倒入另一个小锅中加热，锅边缘煮开即关火。

11　将10加到9中，用木铲不断搅拌，调和好后中火加热，煮开马上关火。

12　巧克力酱稍微冷却一下，和香蕉冰淇淋搭配享用。

Ladurée 甜品店每次都用大锅熬焦糖，开始冒浓烟时，加入上好的杏仁，和焦糖搅拌均匀后晾干，研碎放入蛋糕中。熬焦糖时，由于焦糖量很多，浓烟滚滚，常常让人眼泪直流，但是闻到香味后，就觉得物有所值了。

焦糖杏仁冰淇淋

材料（3～4 人份）

牛奶　250 毫升

蛋黄　3 个

细砂糖　35 克

焦糖

　水　20 毫升

　细砂糖　40 克

杏仁（带皮）　15 克

焦糖要熬成图中的颜色。如果火候把握不好，最后做出的冰淇淋就只有甜味了。

准备

· 提前把冰淇淋机的内桶放入冷冻室冷冻一段时间。

做法

1　杏仁用烤炉烘烤一下，切成 3 等分。

2　将牛奶倒入锅中加热，锅边缘煮开即关火，降温、冷却一下。

3　把蛋黄和细砂糖倒入盆中，用打蛋器搅拌至乳白色。

4　将少量 2 倒入 3 中，用打蛋器搅拌均匀，加入剩余的 2，搅拌好后倒回锅中。

5　中火加热 4，用木铲不断搅拌。泡沫消失、呈糊状时关火，用小滤勺过滤到带嘴的锅（盆）里。

6　把水和细砂糖倒入小锅，中火加热，糖水开始变成茶色时，不断转动小锅直至变成深茶色关火。

7　在 6 中加入少量 5，用打蛋器搅拌后再次中火加热。用打蛋器不断搅拌，待小锅里的焦糖溶化，倒入 5 中。

8　把 7 浸入冰水中，用木铲不断搅拌，使焦糖蛋奶糊完全冷却。

9　打开冰淇淋机，倒入 8，3 分钟后，从入料口一点一点加入处理好的杏仁，按下开关，静置约 20 分钟。

10　冰淇淋液做好后盛入准备好的容器中，放入冷冻室冷冻约 1 小时，风味更佳。

枫糖浆榛子冰淇淋

材料（3～4 人份）

牛奶 250 毫升

枫糖浆 60 毫升

蛋黄 3 个

细砂糖 20 克

榛子 20 克

准备

· 提前把冰淇淋机的内桶放入冷冻室冷冻一段时间。

做法

1　榛子用烤箱烘烤一下，冷却后用手揉搓去皮（去不掉的不用管），切成两半。

2　将牛奶和枫糖浆倒入锅中加热，锅边缘煮开即关火，用打蛋器搅拌均匀，降温、冷却一下。

3　把蛋黄和细砂糖倒入盆中，用打蛋器搅拌至乳白色。

4　将少量 2 倒入 3 中，用打蛋器搅拌均匀，加入剩余的 2，搅拌好后倒回锅中。

5　中火加热 4，用木铲不断搅拌。泡沫消失、呈糊状时关火。

6　用小滤勺把 5 过滤到带嘴的锅（盆）里，把锅（盆）浸入冰水中，用木铲不断搅拌至完全冷却。

7　打开冰淇淋机，倒入 6，3 分钟后，从入料口逐粒加入处理好的榛子，按下开关，静置约 20 分钟。

8　冰淇淋液做好后盛入提前准备好的容器中，放入冷冻室冷冻约 1 小时，风味更佳。

咖啡牛奶冰淇淋

枫糖浆榛子冰淇淋

周末最享受的事就是睡个懒觉，起来以后吃个早午餐，然后和好友在 Salon de te（法国有名的甜点吧）或者家中的小阳台上度过美好的时光。我常吃的东西总是很简单，比如沙拉、法式乳蛋饼、法式奶汁烩菜、法式土司，等等。在软软的薄煎饼上摆上各类五颜六色的浆果或撒满榛子，我也很喜欢。

咖啡牛奶冰淇淋

材料（3～4 人份）

牛奶　250 毫升

蛋黄　1 个

细砂糖　45 克

速溶咖啡　1 小匙

准备

· 提前把冰淇淋机的内桶放入冷冻室冷冻一段时间。

做法

1　将牛奶和半份细砂糖倒入锅中加热，锅边缘煮开即关火，用打蛋器搅拌，降温、冷却一下。

2　把蛋黄和剩余的细砂糖倒入盆中，用打蛋器搅拌至乳白色。

3　将少量 1 倒入 2 中，用打蛋器搅拌均匀，加入剩余的 2，搅拌好倒回锅中。

4　在 3 中加入速溶咖啡，中火加热，用木铲不断搅拌。泡沫消失、呈糊状时关火。用小滤勺过滤到带嘴的锅（盆）里，和枫糖浆榛子冰淇淋的做法一样，完全冷却。

5　打开冰淇淋机，倒入 4，按下开关，静置约 20 分钟。

6　参照枫糖浆榛子冰淇淋做法第 8 步。

草莓牛奶冰淇淋

材料（5～6 人份）

牛奶　240 毫升

蛋黄　3 个

细砂糖　75 克

草莓（冷冻）　200 克

＊用新鲜草莓制作用量和做法一样。

我以前不是很喜欢开心果的味道，但最近不知道什么，竟然爱吃开心果了。在此，我强烈推荐 Pierre Hermé（法国著名的甜点店）的开心果马卡龙和 Gérard Mullot（法国巴黎有名的甜点面包店，有各式精致甜点）的开心果烘饼。G. Detou（第 27 页）店里卖的产自伊朗的开心果不仅味道好，价格也实惠。

开心果美国樱桃冰淇淋

准备
· 提前把冰淇淋机的内桶放入冷冻室冷冻一段时间。

做法
1 把冷冻的草莓放入食品搅拌机打碎。

2 将牛奶倒入锅中加热，锅边缘煮开即关火，降温、冷却一下。

3 把蛋黄和细砂糖倒入盆中，用打蛋器搅拌至乳白色。

4 将少量 2 倒入 3 中，用打蛋器搅拌均匀，加入剩余的 2，搅拌好后倒回锅中。

5 中火加热 4，用木铲不断搅拌。泡沫消失、呈糊状时关火。

6 用小滤勺把 5 过滤到带嘴的锅（盆）里，然后把锅（盆）浸在冰水中，用木铲不断搅拌，使蛋奶糊冷却。

7 把 1 加入 6 中，搅拌均匀。

8 打开冰淇淋机，倒入 7，按下开关，静置约 20 分钟。

9 冰淇淋液做好后盛入准备好的容器中，放入冷冻室冷冻约 1 小时，风味更佳。

开心果美国樱桃冰淇淋

材料（4～5人份）

牛奶　250毫升

蛋黄　3个

细砂糖　50克

开心果　50克

美国樱桃（罐装）15颗

＊开心果去掉外壳即可。

准备

· 提前把冰淇淋机的内桶放入冷冻室冷冻一段时间。

做法

1 把开心果装进双层塑料袋里，用擀面杖碾碎。美国樱桃用纸巾将水分擦干，切成两半。

2 参照草莓牛奶冰淇淋做法（第47页）第2～6步（将黏稠的蛋奶糊过滤到带嘴的锅或盆里，完全冷却）。

3 把处理好的开心果加入2中，用勺子搅拌均匀。打开冰淇淋机，倒入冰淇淋液，按下开关。当冰淇淋液刚刚开始凝固、还比较柔软的时候，把美国樱桃一个一个从加料口放进去，按下开关，静置约20分钟。

4 参照草莓牛奶冰淇淋做法第9步。

冰淇淋咖啡

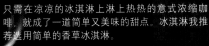

Part 4
Pour adultes
大人的时间

只需在凉凉的冰淇淋上淋上热热的意式浓缩咖啡，就成了一道简单又美味的甜点。冰淇淋我推荐选用简单的香草冰淇淋。

我的放松秘诀中最关键的一个字是〝花〞，观赏花朵、闻花香或是把花做成吃的，都很美妙。玫瑰酱很香，在红茶里加一点就会香气四溢。玫瑰花水和薰衣草不仅可以用来做甜点，在小瓶子里放一点，满屋子都会弥漫着香气。想放松的时候，我推荐尝尝玫瑰或薰衣草冰淇淋。

玫瑰冰淇淋

材料（3～4 人份）

牛奶　250 毫升

蛋黄　3 个

细砂糖　10 克

玫瑰酱　60 克

玫瑰花水　4 大匙

准备

· 提前把冰淇淋机的内桶放入冷冻室冷冻一段时间。

做法

1　把玫瑰酱盛入小盆中。

2　将牛奶倒入锅中加热，锅边缘煮开即关火，降温、冷却一下。

3　把蛋黄和细砂糖倒入盆中，用打蛋器搅拌至乳白色。

4　将少量 2 倒入 3 中，用打蛋器搅拌均匀，加入剩余的 2，搅拌好后倒回锅中。

Confit de pétales de rose 玫瑰花酱
和 Eau de roses 玫瑰花水。

5　中火加热 4，用木铲不断搅拌。泡沫消失、呈糊状时关火，用小滤勺过滤到带嘴的锅（盆）里。

6　把少量 5 倒入 1 中，用打蛋器搅拌，再倒回锅里，充分搅拌均匀。将锅浸入冰水中，用木铲不断搅拌，使蛋奶糊完全冷却。

7　在 6 中加入玫瑰花水，用勺子充分搅拌。

8　打开冰淇淋机，倒入 7，按下开关，静置约 20 分钟。

9　冰淇淋液做好后盛入准备好的容器中，放入冷冻室冷冻约 1 小时，风味更佳。

薰衣草冰淇淋

材料（3～4 人份）

牛奶　250 毫升

蛋黄　3 个

细砂糖　50 克

薰衣草（干燥的）　1 克

准备

· 提前把冰淇淋机的内桶放入冷冻室冷冻一段时间。

做法

1　参照玫瑰冰淇淋做法第 2～5 步（把黏稠的蛋奶糊倒进盆里，不用过滤）。

2　把薰衣草加入 1 中，用勺子搅拌一下，盖上盖闷 3 分钟。

3　用小滤勺把 2 过滤到带嘴的锅（盆）里，和做玫瑰冰淇淋一样，完全冷却。

4　参照玫瑰冰淇淋做法第 8、9 步。

说到苏特恩甜酒（法国波尔多、苏特恩地方产的甜味白葡萄酒），就想起了用苏特恩酒浸泡过、外面蘸了一层巧克力的葡萄干，真是太好吃了。我开始还很文雅地一粒一粒吃，渐渐觉得那样不解馋，就把手里的一把葡萄干一口都吃进去了。跟朋友说这件事的时候，还叮嘱她不要说出去，不然太破坏形象了。

苏特恩甜酒冰淇淋

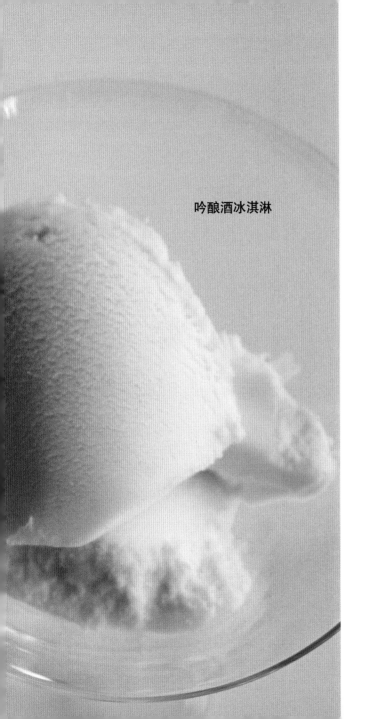

吟酿酒冰淇淋

苏特恩甜酒冰淇淋   吟酿酒冰淇淋

材料 （3～4 人份）	材料 （3～4 人份）
牛奶　270 毫升	牛奶　250 毫升
蛋黄　2 个	蛋黄　1 个
细砂糖　50 克	细砂糖　50 克
苏特恩甜酒　50 毫升	吟酿酒　80 毫升

＊苏特恩甜酒冰淇淋和吟酿酒冰淇淋的做法相同。

准备

· 提前把冰淇淋机的内桶放入冷冻室冷冻一段时间。

做法

1　将牛奶和半份细砂糖倒入锅中加热，锅边缘煮开即关火，用打蛋器不断搅拌，降温、冷却一下。

2　把蛋黄和剩余的细砂糖倒入盆中，用打蛋器搅拌至乳白色。

3　将少量1倒入2中，用打蛋器搅拌均匀，加入剩余的1，搅拌好后倒回锅中。

4　中火加热3，用木铲搅拌。泡沫消失、呈糊状时关火。

5　用小滤勺把4过滤到带嘴的锅里，把锅浸入冰水中，用木铲不断搅拌，使蛋奶糊完全冷却。

6　在5中加入苏特恩甜酒或吟酿酒，用打蛋器充分搅拌均匀。

7　打开冰淇淋机，倒入6，按下开关，静置约20分钟。

8　冰淇淋液做好后盛入准备好的容器中，放入冷冻室冷冻约1小时，风味更佳。

苏特恩甜酒 (Ch.d'Arche，一种产自法国波尔多的甜白葡萄酒）和用多闻酒酿造的吟酿酒（日本酒度数 +2.0、酸度 1.4）。

我很喜欢法国，也很喜欢法国产的东西，但是红茶，我觉得英国产的更好。法国人好像很喜欢带有花、果等各种香气的红茶，如果想换一种心情、品尝一下法国红茶的话，我推荐法国著名红茶老店 Kousmichoff。

我用的是 Kousmichoff 的格雷伯爵红茶和法国历史最悠久的 Mariage Frères 茶馆的中国广西省产茉莉花茶（Jasmin guang xi）。

牛奶红茶冰淇淋、茉莉花茶冰淇淋

材料（3～4 人份）
牛奶　260 毫升
蛋黄　3 个
细砂糖　60 克
红茶　9 克

＊如果要做茉莉花茶冰淇淋，就将 9 克红茶换成 7 克茉莉花茶，做法相同。

准备
·提前把冰淇淋机的内桶放入冷冻室冷冻一段时间。

做法

1　将牛奶倒入锅中加热，锅边缘煮开即关火。把红茶或茉莉花茶加入锅中搅拌一下，盖上锅盖泡 3 分钟，用小滤勺过滤到另一口锅中，降温、冷却。

2　把蛋黄和细砂糖倒入盆中，用打蛋器搅拌至乳白色。

3　将少量 1 倒入 2 中，用打蛋器搅拌均匀，加入剩余的 1，搅拌好后倒回锅中。

4　中火加热 3，用木铲不断搅拌。泡沫消失、呈糊状时关火。

5　用小滤勺把 4 过滤到带嘴的锅（盆）里，把锅浸入冰水中，用木铲不断搅拌至完全冷却。

6　打开冰淇淋机，倒入 5，按下开关，静置约 20 分钟。

7　冰淇淋液做好后盛入准备好的容器中，放入冷冻室冷冻约 1 小时，风味更佳。

意式浓缩咖啡雪葩

材料（3～4 人份）
意式浓缩咖啡　300 毫升
细砂糖　60 克
蛋白霜
　蛋清　20 克
　细砂糖　5 克

＊如果选用速溶意式浓缩咖啡，要先用 300 毫升开水溶解咖啡粉。

准备
·提前把冰淇淋机的内桶放入冷冻室冷冻一段时间。

做法

1　制作蛋白霜（参照第 24 页鲜橙雪葩的做法）。

2　调好意式浓缩咖啡，倒入带嘴的锅（盆）里，加热的同时，加入细砂糖用打蛋器不断搅拌，和制作红茶冰淇淋一样，完全冷却。

3　打开冰淇淋机，倒入 2。3 分钟后用汤勺轻轻地将做好的蛋白霜盛入入料口，按下开关，静置约 20 分钟。

4　雪葩液做好后盛入准备好的容器中，放入冷冻室冷冻约 1 小时，风味更佳。

我有个习惯很不好意思说出口——只要肚子一饿，就很容易发脾气，因此我在包里经常随身带一块巧克力，累了或者饿了的时候，就掰一小块吃，心情也会好一些。尝试了很多种类之后，发现还是法芙娜的圭那亚巧克力和Marcolini（比利时最负盛名的巧克力店）的委内瑞拉巧克力最好吃，有一种充满成熟感的浓郁可可味。

牛奶巧克力、白巧克力、黑巧克力冰淇淋
（＊脂肪含量高）

材料（3～4人份）

牛奶　270毫升

蛋黄　2个

细砂糖

巧克力　60克

＊制作牛奶巧克力冰淇淋需要细砂糖40克、白巧克力冰淇淋需要25克、可可含量70%的黑巧克力冰淇淋需要50克。其他材料的用量相同。

准备

· 提前把冰淇淋机的内桶放入冷冻室冷冻一段时间。

做法

1　巧克力切碎后放入小盆中。

2　将牛奶倒入锅中加热，锅边缘煮开即关火，降温、冷却一下。

3　把蛋黄和细砂糖倒入盆中，用打蛋器搅拌至乳白色。

4　将少量2倒入3中，用打蛋器搅拌均匀，加入剩余的2，搅拌好后倒回锅中。

5　中火加热4，用木铲不断搅拌。泡沫消失、呈糊状时关火，用小滤勺过滤到带嘴的锅（盆）里。

6　在1中加入少量5，用打蛋器搅拌，再倒回锅里，充分搅拌。把锅浸入冰水中，用木铲不断搅拌至完全冷却。

7　打开冰淇淋机，倒入6，按下开关，静置约20分钟。

8　冰淇淋液做好后盛入准备好的容器中，放入冷冻室冷冻约1小时，风味更佳。

巧克力选用的是法芙娜的吉瓦娜牛奶巧克力（Jivara）、白巧克力（Blanc）、可可含量为70%的圭那亚苦味黑巧克力（Guanaja）。

牛奶巧克力冰淇淋　　　　　　白巧克力冰淇淋　　　　　　黑巧克力冰淇淋

Part 5

Décorations et sauces

装饰和酱料

在露天餐厅，经常用水果片装饰甜点。水果片是在低温条件下烘干的，水果的味道都浓缩在其中，而且看起来很美观，在家庭聚会的餐后甜酒中经常用到。水果片加入干燥剂后密封起来，可以保存2个月。

水果片——鲜橙、菠萝、青苹果、草莓

材料（制作适当的分量）

水　100毫升

细砂糖　25克

水果

（可以根据个人喜好任选其一：鲜橙2个、菠萝半个、青苹果2个、草莓15颗）

＊制作鲜橙片还需要水100毫升、细砂糖50克。

准备

·铺好烘焙用纸。

·烤箱温度调到90℃。

做法

1 水果洗干净，切成5毫米厚的薄片（鲜橙、苹果带皮横着切，菠萝削皮后沿横截面切片，将每一片切成4块，草莓纵向切成3毫米厚的片）。

2 将水和细砂糖倒入锅中，大火加热，煮开后加入3～5片切好的水果片，然后用叉子取出再用纸巾轻轻拭干水分。反复几次，把其余的水果片处理好。（鲜橙片放入煮开的糖水中30秒后就要取出，苹果片下锅2分钟再取出，菠萝片和草莓片要快速取出来，草莓片要先把锅端关火后再取出来。）

3 提前铺好烘焙纸，把2摆放到纸巾上晾干，放在烤箱里烘烤1.5～3小时（每30分钟翻一次面）。

树莓酱

酱料——栗子酱、树莓酱、草莓酱、猕猴桃果酱、巧克力酱、樱桃酱

草莓酱

栗子酱

猕猴桃果酱

巧克力酱

樱桃酱

冰淇淋要华丽登场，主要就靠酱料。只要在盘子里加一点果酱，冰淇淋立刻就可以变身为一道华丽的甜点。

酱料——栗子酱、树莓酱、草莓酱、猕猴桃果酱、巧克力酱、樱桃酱

栗子酱

冷却一下味道最佳。

材料（制作半杯栗子酱所需分量）
栗子蓉　100 克
牛奶　20 毫升
＊这里使用的是第 16 页提到的栗子蓉。

做法

　　将栗子蓉和牛奶倒入小锅中加热，同时用打蛋器搅拌，直到从锅底不断冒泡沸腾为止。冷却一下备用。

草莓酱

材料、做法参照第 71 页。

树莓酱

树莓酱色泽非常鲜艳，和酸奶搭配也很美味。

材料（制作 1 杯果酱的分量）
树莓（冷冻）　100 克
柠檬汁　1 小匙
糖浆
　水　50 毫升
　细砂糖　20 克

做法

1　将冷冻的树莓放入食品搅拌机打碎，加入柠檬汁。
2　把水和细砂糖倒入小锅中加热，细砂糖溶化后关火。
3　趁热把做好的糖浆浇在 1 上，放进食品搅拌机充分搅拌均匀。

猕猴桃果酱

做好猕猴桃果酱的关键是加入有淡淡酸味的柠檬汁。

材料（制作 1 杯果酱的分量）

猕猴桃（果肉） 100 克

糖浆

　水　25 毫升

　细砂糖　20 克

　柠檬汁　1 小匙

＊用 1 个猕猴桃，要选择熟透的。

做法

1　熬制糖浆，冷却（参照树莓酱做法第 2 步）。

2　把猕猴桃切成 5 毫米见方的小块放入盆中，加入糖浆和柠檬汁，用打蛋器充分搅拌均匀。

巧克力酱

材料、做法参照第 40 页。

樱桃酱

做好的樱桃酱非常滑润可口。在凉凉的冰淇淋上加几勺热热的樱桃酱，一道美味甜点就做成了！

材料（制作半杯果酱的分量）

美国樱桃（罐头） 100 克

细砂糖　15 克

樱桃罐头汁　1 大匙

柠檬汁　1 小匙

樱桃酒　1 小匙

白兰地　1 小匙

＊美国樱桃不用小滤勺等过滤水分也可以。

做法

1　把美国樱桃、细砂糖、樱桃罐头汁、柠檬汁倒入小锅中加热。沸腾之后不用关火，一边用手转动锅一边煮，直到锅里的水分蒸发大半，果酱黏稠。

2　把樱桃酒和白兰地加入 1 中，锅中的火焰熄灭时关火，趁热倒在冰淇淋上。

Part 6

Desserts

甜品

用马斯卡彭乳酪制作的温热蛋奶酥 & 红醋栗雪葩

按照在法国学的方法在日本做甜点味道经常会完全不同，因为选用的食材性质不一样。这款用马斯卡彭乳酪制作的温热蛋奶酥我尝试做了 11 次后，终于和在法国做的一样美味了，与酸味雪葩搭配非常棒，一定要尝试一下哦！

用马斯卡彭乳酪制作的温热蛋奶酥 & 红醋栗雪葩
（＊脂肪含量高）

材料（3～4 人份）

红醋栗雪葩

红醋栗（果肉） 300 克

水 80 毫升

细砂糖 55 克

蛋奶酥

（用直径 11 厘米、深 6.5 厘米的烘焙陶瓷碗可做 2 份）

蛋黄 5 个

细砂糖 60 克

低筋面粉 30 克

玉米淀粉 20 克

牛奶 250 毫升

蛋白霜

　蛋清 5 个

　细砂糖 50 克

马斯卡彭乳酪 100 克

准备（雪葩）

· 提前把冰淇淋机的内桶放入冷冻室冷冻一段时间。

做法

1 把红醋栗从茎上摘下，洗净。

2 将水和红醋栗倒入小锅，中火加热。煮开后倒入细砂糖，用勺子搅拌一下，再次煮开后关火，自然冷却。

3 把 2 放入食品料理机搅拌一下（醋栗的核很苦，注意不要弄碎），用小滤勺过滤到带嘴的锅（盆）里（用打蛋器或勺子操作更方便）。

4 打开冰淇淋机，倒入 3，按下开关，静置约 20 分钟。

5 雪葩液做好后盛入准备好的容器中，放入冷冻室冷冻约 1 小时，风味更佳。

准备（蛋奶酥）

· 在容器内壁薄薄地抹一层溶化的无盐黄油，再轻轻地涂少许马斯卡彭乳酪，放入冰箱冷藏。

· 马斯卡彭乳酪会在室温下软化。

· 烤箱温度调到 180℃。

6 将蛋黄和细砂糖倒入盆中，用打蛋器搅拌至乳白色。

7 面粉过筛，加入 6 中，用打蛋器搅拌均匀。

8　把牛奶倒入锅中加热，锅边缘煮开后加入少量 7，用
　打蛋器搅拌一下，再加入剩余的 7，充分搅拌后倒回
　锅里。

9　中火加热 8，用打蛋器边搅拌边加热，直到呈黏稠糊
　状，从锅底开始冒泡沸腾后关火。

10　将锅里的蛋奶糊倒入盆里，用食品保鲜膜封好，放
　　到水里降温、冷却（直到略有一点温热，完全冷却后
　　操作起来很困难）。

11　把蛋清打入另一个盆里，用打蛋器充分打发至湿性发
　　泡状态，然后把细砂糖分 3 次加入其中，做成蛋白霜。

12　用手持电动打蛋器充分搅拌蛋奶糊，使其软化，加
　　入马斯卡彭乳酪后继续搅拌（乳酪比较硬，要用电动
　　打蛋器搅拌）。

13　将 1/3 已做好的蛋白霜加入 12 中，用手持电动打蛋
　　器充分搅拌后加入剩余的蛋白霜，用橡胶刮刀以切拌
　　的方式混合均匀（直到蛋白霜完全融入其中，看不到）。

14　把 13 倒入准备好的烘焙陶瓷碗里，抹平表面，放入
　　烤箱烤大约 35 分钟。

15　烤好了，在蛋奶酥上挖几个洞，把雪葩倒入其中即可。

提拉米苏冰淇淋

马斯卡彭乳酪冰淇淋 & 草莓、草莓酱

在日本，马斯卡彭乳酪很贵，不太容易买到，而在法国价格却比较便宜，很容易就能买到。可以在乳酪中加入牛奶和砂糖后装点在水果上，或者用来做菜……做提拉米苏也不错，在法国非常受欢迎。

提拉米苏冰淇淋
（＊脂肪含量高）

材料（用 12 厘米 ×19 厘米 ×5 厘米的容器可做 1 份）

牛奶　230 毫升

蛋黄　2 个

细砂糖　50 克

马斯卡彭乳酪　200 克

手指饼干　6～8 根

糖浆

　水　50 毫升

　细砂糖　40 克

　Trablit 咖啡精华　1 大匙

可可粉　适量

＊没有 Trablit 咖啡精华，可以用意大利浓缩咖啡代替。

Trablit 咖啡精华是浓缩了咖啡酸味和苦味的咖啡液。

准备

· 提前把冰淇淋机的内桶放入冷冻室冷冻一段时间。

做法

1　把马斯卡彭乳酪放入小盆中，置于室温下。

2　将牛奶倒入锅中加热，锅边缘煮开即关火，用打蛋器不断搅拌，降温、冷却一下。

3　把蛋黄和细砂糖倒入盆中，用打蛋器搅拌至乳白色。

4　将少量 2 倒入 3 的盆中，用打蛋器搅拌均匀，加入剩余的 2，搅拌好后倒回锅中。

5　中火加热 4，用木铲不断搅拌。泡沫消失、呈糊状时关火，用小滤勺过滤到带嘴的锅（盆）里。

6　在 1 中加入少量 5，用打蛋器搅拌一下，再倒回锅里，充分搅拌。把锅浸入冰水中，用木铲不断搅拌至完全冷却。

7　把水和细砂糖倒入小锅中加热，细砂糖溶化后关火，加入 Trablit 咖啡精华，用打蛋器搅拌均匀。

8　将手指饼干装入容器中，把熬好的糖浆趁热浇在上面，浸渍手指饼干约 10 分钟，使其充分吸收糖浆直到变软（中间翻一次面）。

9　打开冰淇淋机，倒入 6，按下开关，静置约 20 分钟。

10　冰淇淋液做好后，一半盛入准备好的容器中、抹平、在上面摆上处理好的手指饼干，再把剩下的冰淇淋液倒在上面，表面抹平，放入冷冻室，使其凝固。

11　在冻好的冰淇淋表面撒一层可可粉即可。

法国的草莓香气十足，但是一点也不甜，所以得花点工夫让它变甜。比如，和酸奶、白乳酪、砂糖一起吃，或者用砂糖和草莓利口酒腌渍一下，还可以在糖浆中稍微煮一下做成糖水……下面介绍的这道甜点也是用这些方法做成的。

马斯卡彭乳酪冰淇淋 & 草莓、草莓酱
（＊脂肪含量高）

材料（4 人份）

马斯卡彭乳酪冰淇淋
＊用量、做法和提拉米苏冰淇淋相同。
草莓　适量

草莓酱（半杯）
草莓（果肉）　100 克
细砂糖　15 克
柠檬汁　1 小匙

准备
· 提前把冰淇淋机的内桶放入冷冻室冷冻一段时间。

做法
1　草莓洗净去蒂，其中一部分和其他材料一起放入食品料理机打碎，做成草莓酱。
2　将剩下的草莓切成 8 毫米见方的小块摆入盘中。
3　把马斯卡彭乳酪冰淇淋盛到 2 上，再淋一勺草莓酱。

海绵蛋糕 & 抹茶雪葩

材料（4 人份）
水　300 毫升
细砂糖　90 克
抹茶　5 克
蛋白霜
　蛋清　25 克
　细砂糖　5 克
海绵蛋糕　适量

准备
· 提前把冰淇淋机的内桶放入冷冻室冷冻一段时间。

做法
1　制作蛋白霜（参照第 24 页鲜橙雪葩的做法）。抹茶过筛，筛入小盆中。
2　将水和细砂糖倒入小锅中加热，细砂糖溶化后关火。
3　把少量 2 倒入盛有抹茶的小盆中，用打蛋器搅拌均匀再倒回锅中，搅拌后用小滤勺过滤到带嘴的锅（盆）里。
4　将锅浸入冰水中，用木铲不断搅拌至完全冷却。
5　打开冰淇淋机，用打蛋器把 4 搅拌均匀，倒入冰淇淋机。3 分钟后，用汤匙轻轻地将蛋白霜盛入冰淇淋机，按下开关，静置约 20 分钟。
6　雪葩液做好后盛入准备好的容器中，用汤匙轻轻搅拌，放入冷冻室约 1 小时，风味更佳。
7　将海绵蛋糕切成大小合适的块，和抹茶雪葩一起摆放在盘中。
　＊参照第 72 页图。

海绵蛋糕 & 抹茶雪葩

抹茶冻 & 小仓冰淇淋

在法国，抹茶也是家庭冰箱中的常备之物。糯米粉和寒天[1]粉混合，加上煮熟的红豆，吃起来有一种日本风味，怀念之情常常油然而生。抹茶风味的玛德琳蛋糕和慕斯很受法国人欢迎。摄影师阳子经常给我带日本特产"Kayser"——一种一口大小的玛德琳蛋糕（在面粉中加入了抹茶粉，用黑芝麻稍加点缀）这种点心最近非常受欢迎。

抹茶冻 & 小仓冰淇淋[2]

材料（4～5人份）

抹茶冻

水　500毫升

寒天（粉末）　4克

细砂糖　40克

抹茶　2克

糖浆

　水　400毫升

　细砂糖　130克

小仓冰淇淋

牛奶　250毫升

蛋黄　3个

细砂糖　10克

煮熟的红豆（罐装）　250克

*我选用的是井村屋[3]的罐装红豆。

准备

・提前把冰淇淋机的内桶放入冷冻室冷冻一段时间。

做法

1　抹茶盛放在小碗中。

2　将水和寒天粉倒入锅中加热。用打蛋器不断搅拌，沸腾后继续加热2～3分钟，待寒天粉完全溶化加入细砂糖，细砂糖溶化后关火。

3　把少量2倒入盛有抹茶的小碗中，用打蛋器不断搅拌，然后倒回锅里，充分搅拌，使其冷却。

4　用小滤勺将3过滤到准备好的容器中，完全冷却后放入冷藏室待用。

5　制作糖浆。把水和细砂糖放入锅中加热，细砂糖溶化后关火，冷却后放入冷藏室待用。

6　将牛奶倒入锅中加热，锅边缘煮开即关火，降温、冷却一下。

7　把蛋黄和细砂糖倒入盆中，用打蛋器搅拌至乳白色。

8　在7中加入少量6，用打蛋器搅拌均匀后加入剩余的6，搅拌好倒回锅中。

9　中火加热8，用木铲不断搅拌，泡沫消失、呈糊状时关火。

10　将9过滤到带嘴的锅（盆）里，浸入冰水中，用木铲不断搅拌，完全冷却。

11　在10中加入煮熟的红豆，用汤匙搅拌均匀。

12　打开冰淇淋机，倒入11，按下开关，静置约20分钟。

13　冰淇淋液做好后盛入准备好的容器中，放入冷冻室冷冻约1小时，风味更佳。

14　把抹茶冻切成大小适当的块，盛在小碗中，淋上糖浆，再搭配小仓冰淇淋即可。

---

①寒天是从石花菜等红藻类海藻中提取的天然多糖胶体，富含膳食纤维，热量低，可用于制作布丁、果冻等。
②红豆冰淇淋，红小豆种子是僧人空海从中国带回日本在小仓山培育的，收获后做成豆馅即命名为"小仓豆馅"。
③日本有名的制作甜点、零食的百年老店。

小时候，我经常把法式土司当零食，现在周末经常用它当午饭。法式土司在法语中叫做"pain perdu"，直译过来就是"剩下的面包[1]"。我向很多人请教这个名称来源，可至今没得到答案……

法式土司 & 栗子酱肉桂冰淇淋

材料（4人份）

肉桂冰淇淋

牛奶　250毫升

肉桂（约6厘米长）　2根

蛋黄　3个

细砂糖　50克

法式土司

土司片（5片装）　1片

鸡蛋　1个

细砂糖　25克

牛奶　100毫升

肉桂　1根

＊肉桂制作完肉桂冰淇淋后可以洗干净再用。
再用1根做装饰用。

栗子酱（请参照第62页的做法）

准备

· 提前把冰淇淋机的内桶放入冷冻室冷冻一段时间。

做法

1　将牛奶和肉桂倒入锅中加热。锅边缘煮开即关火，降温、冷却一下（肉桂一直浸在牛奶中直到第5步）。

2　把蛋黄和细砂糖倒入盆中，用打蛋器搅拌至乳白色。

3　将少量1加入到2中，用打蛋器搅拌均匀，加入剩余的1，搅拌好后倒回锅中。

4　中火加热3，用木铲搅拌。泡沫消失、呈糊状时关火。

5　用小滤勺将4过滤到带嘴的锅（盆）里，浸入冰水中，用木铲不断搅拌，完全冷却。

6　打开冰淇淋机，倒入5，按下开关，静置约20分钟。

7　冰淇淋液做好后盛入准备好的容器中，放入冷冻室冷冻约1小时，风味更佳。

8　把做法式土司用的鸡蛋黄和细砂糖倒入盆中，用打蛋器搅拌均匀，然后加入牛奶和肉桂，继续搅拌。

9　土司片纵向、横向各切一刀，放进8中浸泡约30分钟（中间翻一次面）。

10　在煎锅中抹少许植物油小火加热，放入处理好的土司片，盖上锅盖，两面煎成金黄色。

11　把煎好的土司切成自己喜欢的大小，搭配肉桂冰淇淋和栗子酱享用。

---

①过去人们常用吃剩的面包加牛奶、蛋液等重新料理作为一顿简餐，由此得名。

香槟果冻 & 草莓雪葩

柑曼怡甜酒浸葡萄柚 & 柚香冰淇淋

在电影《风月俏佳人》中，理察·基尔向朱丽娅·罗伯茨推荐香槟配草莓的一幕给我留下了很深的印象。在好友聚会上，也有人推荐我尝试木莓和葡萄柚配香槟，但我个人还是觉得香槟和草莓搭配颜色更鲜艳，也更诱人。

香槟果冻 & 草莓雪葩

材料（3～4 人份）

香槟果冻

水　50 毫升

细砂糖　25 克

柠檬汁　1/2 大匙

明胶　5 克

香槟（没有甜味的干香槟，辣味）　250 毫升

草莓雪葩

草莓（冷冻）　200 克

柠檬汁　1 大匙

糖浆

　水　80 毫升

　细砂糖　40 克

蛋白霜

　蛋清　15 克

　细砂糖　5 克

准备

·提前把冰淇淋机的内桶放入冷冻室冷冻一段时间。

做法

1　明胶用水充分浸泡。

2　把制作香槟果冻用的水和细砂糖倒入锅中加热，细砂糖溶化后关火。

3　将柠檬汁加入 2 中，用打蛋器搅拌，加入控干水分的明胶。用打蛋器搅拌使其溶化，之后降温、冷却。

4　在 3 中加入香槟，用汤匙轻轻搅拌，再用小滤勺过滤到准备好的容器中，放入冷藏室冷却凝固（大约需要半天时间）。

5　将冷冻的草莓放入食品料理机，倒入柠檬汁，淋在草莓上。

6　制作蛋白霜（参照第 24 页鲜橙雪葩的做法）。

7　把制作草莓雪葩用的水和细砂糖倒入小锅中加热，细砂糖溶化后关火。

8　把做好的糖浆趁热淋在 5 上，用食品料理机搅拌。

9　打开冰淇淋机，倒入 8，用汤匙把蛋白霜轻轻地从入料口注入冰淇淋机（按下冰淇淋机开关，设定好制作时间），静置一段时间。

10　雪葩液做好后盛入准备好的容器中，用汤匙轻轻搅拌，放入冷冻室冷冻约 1 小时，风味更佳。

11　用叉子把香槟果冻切开，盛到杯子中，搭配雪葩享用。

我的早餐经常是法式面包、煎蛋饼、奶茶、水果和酸奶。不同季节水果的种类也不一样，我比较喜欢芒果、葡萄柚，看到它们就觉得赏心悦目。昨天晚上用酒腌渍葡萄柚，一不小心酒放多了，美好的心情从早上就开始飞扬……

柑曼怡甜酒浸葡萄柚 & 柚香冰淇淋

材料（4 人份）

柑曼怡甜酒浸葡萄柚

葡萄柚（红色、白色） 各 1 个

细砂糖 25 克

柑曼怡甜酒 1 大匙

柚香冰淇淋

牛奶 250 毫升

蛋黄 3 个

细砂糖 55 克

柠檬皮碎 2 克（1 个柠檬）

葡萄柚皮碎 2 克（半个葡萄柚）

葡萄柚汁 3 大匙

＊制作柠檬皮碎和葡萄柚皮碎时可以参照第 32 页图。
　没有擦菜板可以先削下水果皮，去掉白色部分，再切碎。

准备

· 提前把冰淇淋机的内桶放入冷冻室冷冻一段时间。

做法

1　按照图中演示的方法取出果肉，和流出果汁一起盛放在容器中（果汁要用来做冰淇淋）。在果肉中撒上细砂糖、柑曼怡甜酒，轻轻拌一下，腌渍一晚。

2　把柠檬和葡萄柚的皮切碎，倒入小锅中，慢慢向小锅中加水，开火加热。水煮开后将水倒掉再向锅中倒入足量的水，加热。水煮开后调成中火继续加热，煮 15 分钟，直到水果皮煮软。用冷水快速冷却，然后将果皮盛出来用纸巾吸干水分。

3　将牛奶倒入锅中加热。锅边缘煮开即关火，降温、冷却一下。

4　把蛋黄和细砂糖倒入盆中，用打蛋器搅拌至乳白色。

5　在 4 中加入少量 3，用打蛋器搅拌均匀，加入剩余的 3，搅拌好倒回锅中。

6　中火加热 5，用木铲不断搅拌。泡沫消失、呈糊状时关火。

7　用小滤勺把 6 过滤到带嘴的锅（盆）里，加入 2，然后浸入冰水中，用木铲不断搅拌，完全冷却。

8　在 7 中加入葡萄柚汁，用打蛋器搅拌均匀。打开冰淇淋机，倒进去，按下开关，静置约 20 分钟。

9　冰淇淋液做好后盛入准备好的容器中，放入冷冻室冷冻约 1 小时，风味更佳。

10　将柑曼怡甜酒腌渍过的葡萄柚盛在玻璃碗中，搭配柚香冰淇淋享用。

青苹果片 & 烤苹果冰淇淋

蜜制无花果 & 白乳酪冰淇淋

一到冬天，水果店门口就会摆很多种苹果，价格又便宜，可以在此时尽情享受反转苹果挞、苹果馅饼、烤苹果等美味。烤苹果是我母亲非常喜欢的一道甜点，也是我家的必备甜点。烤苹果可以趁热吃，也可以多做一些放在冰箱的冷藏室保存，吃的时候可以夹在面包里、蘸上酸奶，都很美味！

青苹果片 & 烤苹果冰淇淋

材料（3～4 人份）

烤苹果

苹果（红玉） 1 个

细砂糖 35 克

无盐黄油 5 克

烤苹果冰淇淋

牛奶 240 毫升

烤苹果汁 1 大匙

蛋黄 3 个

细砂糖 20 克

烤苹果（带皮） 60 克

烤苹果片（参照第 59 页） 适量

准备

· 提前把冰淇淋机的内桶放入冷冻室冷冻一段时间。

· 烤箱温度设为 200℃。

做法

（第一天的工作）

1 用去果核的工具挖出苹果核，填入细砂糖，撒上放黄油，放入陶瓷烘焙碗中，覆盖一层锡纸，放入烤箱中烤 50 分钟。烤出来的果汁用汤匙搅拌均匀，舀出 1 大匙放入另外的容器中。烤苹果要放一个晚上，这样风味更佳。

（第二天的工作）

2 将牛奶和烤苹果汁（变白凝固了也没关系）倒入锅中加热，锅边缘煮开即关火，降温、冷却一下。

3 参照白乳酪冰淇淋（第 83 页）做法第 3～6 步（再将黏稠的蛋奶糊过滤到盆中）。

4 把烤苹果和 3 一起放入食品料理机，搅拌一下（将烤苹果打成小块）。

5 参照白乳酪冰淇淋做法第 8、9 步。

6 配上烤好的青苹果片即可。

在法国可以买到很多种蜂蜜，其中我最喜欢栗子蜂蜜。怎么说呢，就是有股特别的香气。我尝试着做了一点蜜制无花果，居然有3只蜜蜂被香气吸引，嗡嗡嗡地飞了过来。呀，不小心把你们引诱过来了，对不起啦！

蜜制无花果 & 白乳酪冰淇淋
（＊脂肪含量高）

材料（4 人份）

蜜制无花果

无花果　7 个

蜂蜜（栗子味）80 克

水　40 毫升

白乳酪冰淇淋

牛奶　220 毫升

蛋黄　2 个

细砂糖　65 克

白乳酪　150 克

柠檬汁　1 大匙

＊成品中含有蜂蜜，不要给未满一周
　岁的儿童食用。

请使用脂肪含量为
20% 的白乳酪。

准备

· 提前把冰淇淋机的内桶放入冷冻室冷冻一段时间。

做法

1　白乳酪放在小碗中。

2　将牛奶倒入锅中加热。锅边缘煮开即关火，降温、冷却一下。

3　把蛋黄和细砂糖倒入盆中，用打蛋器搅拌至乳白色。

4　将少量 2 加入到 3 中，用打蛋器搅拌均匀，再加入剩余的 2，搅拌好再倒回锅中。

5　中火加热 4，用木铲搅拌。泡沫消失、呈糊状时关火。

6　用小滤勺将 5 过滤到带嘴的锅（盆）里，将锅浸入冰水中，用木铲不断搅拌，使蛋奶糊完全冷却。

7　在 1 中加入少量 6，用打蛋器搅拌均匀，倒回锅中，加入柠檬汁搅拌均匀。

8　打开冰淇淋机，倒入 7，按下开关，静置约 20 分钟。

9　冰淇淋液做好后盛入准备好的容器中，放入冷冻室冷冻约 1 小时，风味更佳。

10　在煎锅里加入蜂蜜、水、无花果（带皮），加盖中小火加热。在煎制过程中，将锅里的果汁不断淋到无花果上，果汁沸腾、有香气飘出时关火，盛出无花果。

11　把热热的无花果和凉凉的冰淇淋盛在盘子中，再将熬好的无花果汁作为调味汁即可。

图书在版编目(CIP)数据

在家轻松做健康美味冰淇淋／〔日〕岛本薰著；李
瑶译.－海口：南海出版公司，2012.7
ISBN 978-7-5442-5939-2

Ⅰ.①在… Ⅱ.①岛…②李… Ⅲ.①冰激凌－制作
Ⅳ.①TS277

中国版本图书馆CIP数据核字(2012)第099666号

著作权合同登记号　图字：30-2011-062

ICECREAM DAISUKI!
© KAORU SHIMAMOTO 2004
Originally published in Japan in 2004 by EDUCATIONAL FOUNDATION
BUNKA GAKUEN BUNKA PUBLISHING BUREAU
Chinese (in simplified character only) translation rights arranged
with EDUCATIONAL FOUNDATION BUNKA GAKUEN
BUNKA PUBLISHING BUREAU
through TOHAN CORPORATION, TOKYO.
All Rights Reserved.

在家轻松做健康美味冰淇淋

〔日〕岛本薰 著

李瑶 译

出　　版　南海出版公司　　(0898)66568511
　　　　　海口市海秀中路51号星华大厦五楼　　邮编 570206
发　　行　新经典文化有限公司
　　　　　电话(010)68423599　　邮箱 editor@readinglife.com
经　　销　新华书店

责任编辑　秦　薇
装帧设计　徐　蕊
内文制作　王春雪

印　　刷　北京朗翔印刷有限公司
开　　本　880毫米×1230毫米　1/16
印　　张　5.5
字　　数　50千
版　　次　2012年7月第1版
印　　次　2012年7月第1次印刷
书　　号　ISBN 978-7-5442-5939-2
定　　价　29.50元